Sara Blasco Hernanz
Adrián Duro Peinó
Jorge Lozano Mendoza

Distribución y abundancia de la garduña en la Comunidad de Madrid

Sara Blasco Hernanz
Adrián Duro Peinó
Jorge Lozano Mendoza

Distribución y abundancia de la garduña en la Comunidad de Madrid

Determinantes antrópicos y naturales

Editorial Académica Española

Imprint

Any brand names and product names mentioned in this book are subject to trademark, brand or patent protection and are trademarks or registered trademarks of their respective holders. The use of brand names, product names, common names, trade names, product descriptions etc. even without a particular marking in this work is in no way to be construed to mean that such names may be regarded as unrestricted in respect of trademark and brand protection legislation and could thus be used by anyone.

Cover image: www.ingimage.com

Publisher:
Editorial Académica Española
is a trademark of
Dodo Books Indian Ocean Ltd. and OmniScriptum S.R.L publishing group

120 High Road, East Finchley, London, N2 9ED, United Kingdom
Str. Armeneasca 28/1, office 1, Chisinau MD-2012, Republic of Moldova, Europe
Printed at: see last page
ISBN: 978-620-2-24476-3

Índice

Resumen

La selección de hábitat es un aspecto clave en la vida y actividad de los animales. El conocimiento de sus requerimientos ecológicos permite comprender mejor su biología, así como una mejor gestión y mitigación de las amenazas de conservación a las que se enfrentan. En este estudio se evalúa la importancia de diferentes variables antrópicas y naturales para la distribución y abundancia de la garduña (*Martes foina*, Erxleben, 1777) en la Comunidad Autónoma de Madrid. Para ello se han muestreado 90 transectos de 1 km y calculado índices de abundancia relativa basados en la frecuencia de aparición de excrementos. Se tomaron en campo datos sobre presencia de diversas especies, y sobre capas GIS se calcularon valores de diferentes variables antrópicas y naturales a dos escalas espaciales (territorio y paisaje). Con los datos de presencia y variables climáticas se obtuvo un modelo de distribución (SDM) que indicó que el hábitat idóneo para la garduña se concentra en el norte y suroeste de la región. Los modelos generales lineales (GLM) de abundancia mostraron una relación negativa de la abundancia de garduña con factores antrópicos (urbanización, infraestructuras lineales, ganadería y agricultura), mientras que fue positiva con algunas variables naturales (cobertura de matorral y agua, y abundancia de gato montés), y negativa con otras (cobertura de pasto).

Se remarca la importancia de la conservación de la garduña por su papel en los ecosistemas, entre ellos como dispersor de semillas o depredador (regulación de poblaciones presa como roedores). Así, medidas relacionadas con el mantenimiento de su estado favorable de conservación se deben llevar a cabo para garantizar la persistencia de una especie que aporta importantes servicios ecosistémicos.

Palabras clave: distribución, factores antrópicos, factores naturales, garduña, hábitat, índices de abundancia, indicios indirectos, MaxEnt.

Abstract

Habitat selection is a key aspect of the life and activity of animals. Understanding their ecological requirements allows for a better comprehension of their biology and a more effective management and mitigation of the conservation threats they face. This study evaluates the importance of different anthropogenic and natural variables for the distribution and abundance of the stone marten (*Martes foina*, Erxleben, 1777) in the Autonomous Community of Madrid. To this end, 90 transects of 1 km were surveyed, and relative abundance indices were calculated based on the frequency of scat occurrences. Environmental data such as species presence were collected in the field, and values for different anthropogenic and natural variables were calculated on GIS layers at two spatial scales (territory and landscape). Using presence data and climatic variables, a species distribution model (SDM) indicated that the optimal habitat for the stone marten is concentrated in the northern and southwestern regions. Generalized linear models (GLM) of abundance showed a negative relationship between stone marten abundance and anthropogenic factors (urbanization, linear infrastructures, livestock farming, and agriculture), while it was positive with some natural variables (shrub and water cover, abundance of wildcat) and negative with others (grassland cover).

The importance of stone marten conservation is highlighted due to its role in ecosystems, including seed dispersal and as a predator (regulating prey populations such as rodents). Therefore, measures related to maintaining its favorable conservation status should be implemented to ensure the persistence of a species that provides important ecosystem services.

Keyword: Anthropogenic factors, abundance indices, distribution, habitat, indirect signs, MaxEnt, natural factors, stone marten.

Introducción

Desde 1970 la abundancia de los vertebrados terrestres ha disminuido un 60%, lo cual es al menos 100 veces más de lo que se esperaría de forma natural (Gonçalves-Souza *et al.*, 2020). La causa más destacable de estas extinciones es la alteración de los ecosistemas debido principalmente a la agricultura (Gonçalves-Souza *et al.*, 2020). Sin embargo, no es la única actividad que influye directamente en la pérdida de biodiversidad, sino que existen otras como las industrias extractivas, la producción de energía, la gestión del agua, la explotación forestal, otros cambios de uso del suelo, la contaminación y el cambio climático entre otras (Kok *et al.*, 2018).

Como consecuencia, muchos paisajes han sido transformados dando lugar a mosaicos semi-naturales que presentan diferente nivel de intensidad de alteración, mezclados con parches de los hábitats originales. La magnitud de su efecto sobre la biodiversidad dependerá de la capacidad de las especies a adaptarse a estos nuevos mosaicos (Semenchuk *et al.*, 2022).

Los mesocarnívoros como la garduña (*Martes foina*) desempeñan un papel clave en los ecosistemas aportando servicios ecosistémicos como depredadores, competidores, especies paraguas, dispersores de semillas, carroñero entre otros (Recio *et al.*, 2015) y cambios en sus abundancias o en la composición de sus comunidades repercute en alteraciones de los ecosistemas y su funcionalidad (Recio *et al.*, 2015). Sin embargo, en la mayoría de la literatura aparecen descritos por el impacto negativo que producen en los sistemas agrarios, o incluso en los hábitats naturales, como la depredación de especies en peligro o aquellas de valor cinegético, daños en los cultivos o la monopolización de los recursos del hábitat (Ćirović *et al.*, 2016;

Lozano *et al.*, 2019).

La garduña es un mustélido de mediano tamaño que presenta unos rasgos morfológicos característicos de hábitos nocturnos y de adaptación al medio arborícola (Goszczyński *et al.*, 2007). Tiene un origen paleártico, ocupa la mayor parte de Europa central y meridional y una franja en el centro de Asia (Virgós & García, 2002). En España se distribuye por todo el territorio peninsular, pero está desigualmente repartida; es localmente abundante en unas zonas y rara o ausente en grandes áreas aparentemente óptimas (Mangas & Rey Juan Carlos, 2017).

Se han descrito los requerimientos de hábitat de la garduña como no específicos, es decir, se encuentra en un amplio abanico de condiciones desde diversos bosques (mediterráneos adehesados, caducifolios y de coníferas), zonas urbanizadas, áreas rupícolas o zonas abiertas (estepas y cultivos), variando en función de su distribución geográfica (Virgós *et al.*, 2010). Por ejemplo, algunos estudios muestran que en el centro de la Península Ibérica la garduña tiene preferencia por los hábitats boscosos y los roquedos (Virgós *et al.*, 2000).

La garduña es una especie generalista cuya dieta varía estacionalmente (prefiere micromamíferos en primavera-verano y frutos en otoño-invierno) y según su distribución geográfica, siendo más carnívora en regiones del sur y más frugívora en el norte (Mangas & Rey Juan Carlos, 2017). Presenta un amplio espectro de presas, pudiendo alimentarse desde ratones y musarañas hasta conejos, lagartos, aves e insectos. También es una especie carroñera y un depredador oportunista. En lo referente a la materia vegetal, es destacable su consumo de frutos dulces y carnosos como los de la sabina, la zarzamora, el escaramujo, el madroño y las gayubas

(Barrientos & Virgós, 2006).

Las interacciones entre plantas y frugívoros son de suma importancia para garantizar el funcionamiento de la mayoría de los ecosistemas terrestres. Así, las alteraciones en la estructura del hábitat (p. ej., fragmentación del hábitat), la degradación de la comunidad de frugívoros (p. ej., defaunación) o la modificación de su comportamiento (p. ej., cambios en la dieta) pueden alterar el mutualismo funcional entre estos grupos. En consecuencia, pueden surgir nuevas interacciones dispersoras de semillas o, a la inversa, la pérdida de vínculos clave para el ecosistema (Burgos *et al.*, 2024).

Los mesocarnívoros muestran características funcionalmente únicas en comparación con otros frugívoros especializados como las aves (Traveset *et al.*, 2014), que generalmente derivan de sus preferencias dietéticas, habilidades de movimiento y uso del hábitat diferenciadas (Burgos *et al.*, 2024). Sin embargo, pocos estudios han abordado cómo las alteraciones ecológicas que afectan a las comunidades de carnívoros influyen en el proceso de dispersión de semillas.

Alterar la abundancia y el comportamiento de frugívoros claves, como puede ser la garduña, puede afectar los componentes de cantidad (es decir, el número de semillas) y calidad (es decir, la probabilidad de que una semilla dispersada sobreviva para convertirse en un nuevo adulto reproductor) de la efectividad de la dispersión de semillas (Burgos *et al.*, 2024).

La selección de hábitat se considera un aspecto clave en la actividad de la fauna ya que afecta a su fitness, a las elecciones que un individuo toma sobre qué hábitats usar en un entorno dado que reflejan un equilibrio entre la maximización de la ingesta de energía y las correspondientes limitaciones. Muchos factores ecológicos afectarían positiva y negativamente la elección del hábitat: por ejemplo, la disponibilidad de alimentos, el riesgo de depredación, la cobertura vegetal o la competencia inter e intraespecífica por los recursos (Molina-Vacas *et al.*, 2012). En el caso concreto de los depredadores esto es un proceso clave, ya que, además, da forma a las comunidades ecológicas a través de las interacciones depredador-presa (Grenier-Potvin *et al.*, 2021).

Variables climáticas como la temperatura y la precipitación son utilizadas en estudios de selección de hábitat a escala global, paisaje y regional. Mediante estas variables se mide la disponibilidad de recursos primarios fundamentales como el calor, agua, luz entre otros (Philips *et al.*, 2006). Además, con estos datos se pueden hacer extrapolaciones a otras situaciones y previsiones con respecto al cambio climático. Estas variables climáticas han sido utilizadas previamente en estudios de idoneidad de hábitat en especies como la garduña y la marta (*Martes martes*) en el norte de la Península (Vergara *et al.*, 2016), y en otras especies de carnívoros (Bai *et al.*, 2018; Kina *et al.*, 2020).

A pesar de su carácter generalista y gran adaptabilidad tanto en la selección del hábitat como en la alimentación, la perdida de los hábitats naturales es una de las principales amenazas para la conservación de la garduña ya que origina bosques reducidos a pequeños parches aislados donde la probabilidad de supervivencia es escasa. Otra causa de mortalidad son las infraestructuras lineales como las carreteras y autopistas que reducen la población adulta y la juvenil dispersante por atropellos (Abramov *et al.*, 2016). En zonas como Ibiza, la garduña fue introducida por el hombre para, posteriormente en el siglo XX, declararse extinta en dicha localidad, debido fundamentalmente a la caza para aprovechar su piel. Sin embargo, en la actualidad no se considera la caza como una amenaza importante para la especie salvo en algunas regiones de Europa oriental ya que su pelaje ha perdido valor (Abramov *et al.*, 2016). Sea como fuere, actualmente la Unión Internacional para la Conservación de la Naturaleza (UICN) considera a la especie como de "Preocupación Menor" (LC) (IUCN, 2015).

Así, estudiar qué factores antrópicos y naturales determinan la distribución y la abundancia de la garduña es una herramienta crucial para establecer unas medidas de gestión y manejo adecuadas, y así poder mantener un buen estado de conservación de la especie y los ecosistemas en que viven, manteniendo los procesos ecológicos que aportan los servicios ecosistémicos de los que la sociedad humana se beneficia (Léonard *et al.*, 2019; Lozano *et al.*, 2019).

Objetivos e hipótesis

El objetivo general de este trabajo es estudiar los factores ecológicos que determinan la distribución y abundancia de la garduña en la Comunidad de Madrid, tema muy poco estudiado hasta la fecha. Para ello, se elaborará un modelo de distribución de especies (SMD) que represente la idoneidad de hábitat de la garduña en la Comunidad de Madrid basado en factores climáticos, calculando la superficie de hábitat idóneo para el mustélido en la región. Además, se obtendrán dos modelos de abundancia, uno para factores antrópicos y otro para factores naturales, considerando a la vez en ambas dos escalas espaciales.

Así, se proponen las siguientes hipótesis:

- Hipótesis 1 (H_1): se espera que las áreas más idóneas de la Comunidad de Madrid para la garduña dependan sobre todo de la temperatura, siendo en general las zonas más térmicas las menos idóneas.

- Hipótesis 2 (H$_2$): la abundancia de garduña será mayor en áreas donde domine el arbolado y exista una elevada cobertura de rocas.

- Hipótesis 3 (H$_3$): la abundancia de garduña se relacionará negativamente con zonas de escasa vegetación natural y altamente antropizadas.

Materiales y Métodos

Área de estudio

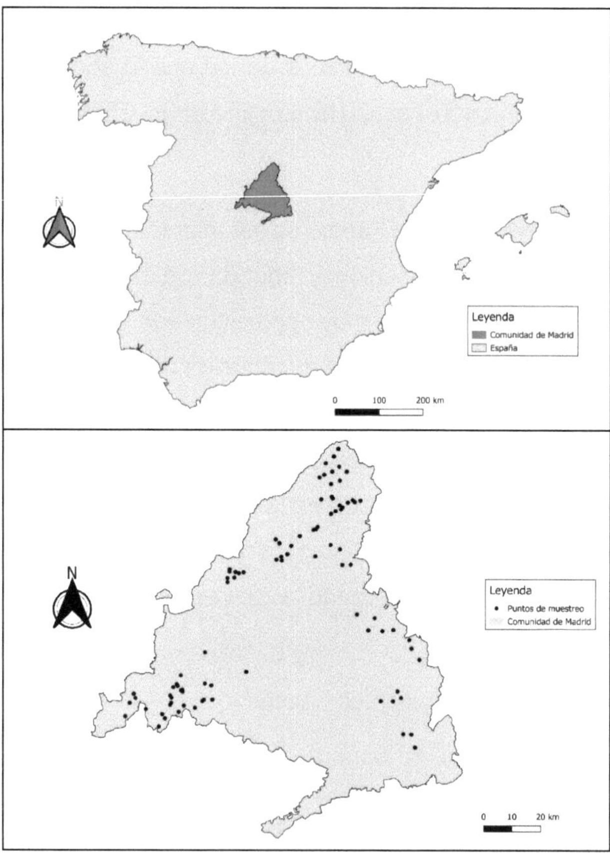

Figura 1. Distribución de los lugares de muestreo realizados en la Comunidad de Madrid. Los puntos negros representan la coordenada media de ubicación de cada transecto realizado.

El estudio se realizó en la Comunidad Autónoma de Madrid (España), situada en la parte central de la Península Ibérica (Figura 1). Su superficie abarca 8.028 km^2 con una población que cuenta con siete millones de habitantes, con una densidad que supera los 800 habitantes/km^2 (INE, 2023), siendo así una de las más altas del país. Esta región se caracteriza por su diversidad de paisaje, donde pueden encontrarse zonas altamente pobladas hasta zonas de cultivo, dehesas y áreas montañosas.

La vegetación del clima mediterráneo típica consta de una mezcla de bosques dominados por encinas (*Quercus ilex ballota*) que se encuentran principalmente en el suroeste y en el centro de la provincia, y en menor medida en el norte y sureste. Los matorrales de *Cistus ladanifer* y *Retama sphaerocarpa* son los elementos dominantes del sotobosque de los encinares. Estos mosaicos se encuentran intercalados con pinos (*Pinus pinea* y *Pinus pinaster*) y enebrales (*Juniperus oxycedrus*), que suelen ir acompañados de retamares (*Retama sphaerocarpa* o *Salvia rosmarinus*), jarales (*Cistus* spp.), tomillares (*Thymus* spp.) o cantuesares (*Lavandula* spp.), entre otros.

En el territorio también son comunes en las áreas montañosas los bosques caducifolios de robles constituidos por *Quercus pyrenaica* y arbustos como *Cistus laurifolius* y *Cytisus scoparius*, donde habitualmente el clima es más húmedo y fresco, con una sequía menos pronunciada. Los pinares de zonas de mayor altitud son formaciones de *Pinus sylvestris*, que resisten los inviernos más fríos y facilitan el mantenimiento de la cobertura de nieve (Lozano, 2010).

Las zonas de cultivo de la Comunidad de Madrid ocupan aproximadamente el 27% de su territorio, siendo estos de cereales como la cebada (*Hordeum vulgare*), olivos (*Olea europea*) y vid (*Vitis vinifera*) principalmente, pero también de regadío y de superficies destinadas al pasto (Dirección General de Agricultura y Ganadería, 2015). La vegetación de ribera se caracteriza por las choperas (*Populus* spp.), olmedas (*Ulmus* spp) y diversas especies herbáceas (Rivas- Martínez *et al.*, 1987).

Diseño del muestreo de campo

La metodología empleada para estimar la abundancia de la garduña ha consistido en un muestreo de indicios indirectos, en transectos lineales de 1 km de longitud por camino, para detectar la presencia de la garduña mediante sus deposiciones. Aunque existen diversas técnicas para determinar la abundancia de una especie como los censos de conteo directo, para este caso no sería viable debido a que no se trata de una especie fácilmente visible, sino que, por el contrario, se trata de un animal solitario, esquivo y de actividad predominantemente nocturna (Mangas & Rey Juan Carlos, 2017). Además, el muestreo de indicios indirectos es eficiente para la garduña, poco invasivo y de bajo coste (Virgós *et al.*, 2010). Con esta metodología se puede calcular un índice de abundancia relativa, basado en la frecuencia de aparición de excrementos en camino, que proporciona una aproximación fiable de la abundancia real de las especies (Mangas *et al.*, 2008; Martin-García *et al.*, 2022).

Los excrementos de garduña se identificaron por su forma, tamaño, olor y ubicación; cuando no estuvo clara su identificación no se consideró para el estudio (Mangas *et al.*, 2008). Su apariencia es alargada y normalmente forman un lazo, habitualmente son oscuras y muy pegajosas, con todo tipo de materiales pegados a su superficie (Figura 2).

Figura 2. Excremento de garduña en el borde de uno de los transectos muestreados donde se aprecia su morfología, color, pegajosidad y tamaño mediante su comparativa con respecto al Garmin GPS eTrex 32X.

Los muestreos se llevaron a cabo entre marzo y julio de 2022-2024, a lo largo de 90 transectos. Es conocido que diversas especies de carnívoros, entre ellos la garduña, depositan heces para marcar zonas destacadas de sus territorios (Barja & Bárcena, 2002). También, por tanto, se consideran únicamente individuos territoriales. El transecto consta de una longitud de 1km dividido en 5 segmentos de 200m cada uno. En cada segmento se anotaron, además de excrementos de garduña, los de otros dos mesocarnívoros: el gato montés (*Felis silvestris*) y el zorro (*Vulpes vulpes*); así como de perro (*Canis familiaris*), letrinas de conejo (*Oryctolagus cuniculus*) y hozaduras de jabalí (*Sus scrofa*) (Figura 3).

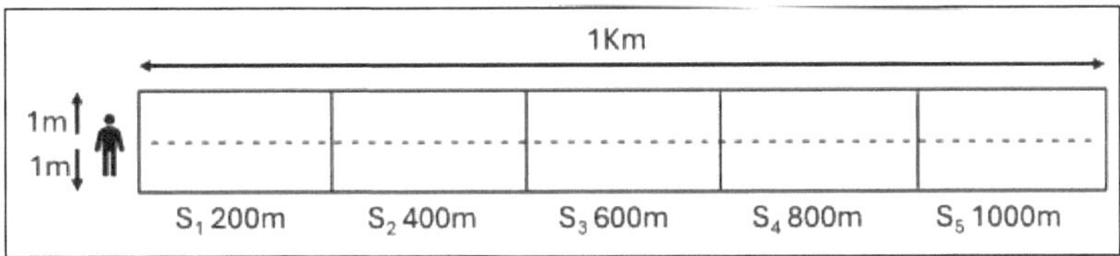

Figura 3. Representación esquemática de cada transecto muestreado.

Posteriormente, se calcularon índices de abundancia relativa de las especies, basados en la frecuencia de aparición de indicios. Se cuantificó el número de tramos en los que hubo presencia de indicios de cada especie (0mín-5máx) y se dividió entre el número total de segmentos (5). El resultado, estandarizado así entre 0 y 1, es usado entonces como índice de abundancia relativa:

$$IA = \frac{N^{\underline{o}} \; de \; segmentos \; con \; presencia \; de \; indicios}{N^{\underline{o}} \; total \; de \; segmentos \; (5)}$$

Para calcular la abundancia relativa de conejo de monte, se usó el número de letrinas encontradas por kilómetro siguiendo el ejemplo de Palma *et al.* (1999):

$$IA = \frac{\Sigma \; N^{\underline{o}} \; de \; letrinas \; de \; cada \; segmento}{1 \; km}$$

Obtención de otros datos de vegetación, infraestructuras humanas y urbanización

Según la escala de estudio las variables que afectan a la abundancia de una especie pueden variar, por lo que es conveniente incluir múltiples escalas en los estudios de hábitat (Orians & Wittenberger, 1991). Rettie & Messier (2000) propusieron que a una escala espacial grande el patrón dominante es la evitación de factores negativos para el fitness, mientras que los factores limitantes menos importantes son los que influyen en el hábitat a menores escalas. Por ello, se seleccionaron 2 escalas espaciales para realizar el estudio aplicando dos buffers diferentes alrededor de cada transecto para la obtención de datos.

El primer buffer, de radio 2000 m, correspondiente a un área de 12,6 km^2 y se ha considerado como escala de paisaje. De este modo, este buffer de 1257 ha se considera que puede recoger ampliamente la información donde se encuentra ubicada la población de garduñas.

El segundo buffer, de radio 750 m, corresponde a un área de 0,79 km^2 y se considera que abarca la información del territorio de cada garduña (79 ha).

La garduña en medios naturales muestra territorialidad contra individuos del mismo sexo, pero solapan sus territorios con los del opuesto, abarcando habitualmente 2 km^2 en estos medios y siendo menor su área de ocupación en áreas humanizadas (Ministerio para la Transición Ecológica y el Reto Demográfico, 2023). El tamaño de su área de campeo puede ser de unos cientos de hectáreas y las de los machos pueden llegar a ser hasta tres veces mayores que las de las hembras. Sus territorios no se usan de forma homogénea, sino que muestran un modelo de ocupación en manchas dependiendo de la disponibilidad de alimentos y refugios (Mangas & Rey Juan Carlos, 2017).

Así, utilizando Sistemas de Información Geográfica (SIG) se ha obtenido información de un total de 30 variables naturales (p.ej., cobertura de bosque) y antrópicas (p.ej., infraestructuras humanas), medidas en los 2 buffers seleccionados centrados en torno al punto medio (600m) de cada transecto (véase Anexo, Tabla 1).

Modelo de Distribución de especies (SDM)

Para representar, analizar y discutir la distribución potencial de las especies, así como identificar los hábitats que ocupan y los factores asociados, se utilizan softwares como MaxEnt (Maximum Entropy). Maxent es un algoritmo que se basa en la teoría de nicho y predice patrones de distribución de una especie en un área determinada únicamente con datos de presencia y de diferentes factores ambientales (Bai *et al.*, 2018). Así, los datos de entrada están representados por las coordenadas de los puntos de aparición de una especie y de predictores (datos geográficos) que describen la variabilidad espacial de los factores (bióticos y/o abióticos) considerados en toda el área de estudio.

Por un lado, se maximiza la entropía en el espacio, es decir, se busca la distribución geográfica más uniforme de la presencia predicha de la especie. Por otro lado, se maximiza la similitud, es decir, se realiza un esfuerzo por ajustar el modelo para que sus predicciones de dónde se encuentra la especie objeto de estudio en un espacio geográfico determinado, sean lo más coherentes posible con lo que se esperaba basándose en datos anteriores o conocimiento previo (Lissovsky & Dudov, 2021).

Para generar el modelo se seleccionaron los 31 transectos con presencia de garduña junto con las 19 capas climáticas de Worldclim (Fick & Hijmans, 2017) (véase Anexo, Tabla 2) y se adaptaron al formato requerido para el software MaxEnt (archivos .csv con coordenadas de presencia en latitud y longitud, incluyendo el nombre de la especie y archivos de capas ambientales en formato ráster, teniendo todas las capas la misma resolución espacial, extensión y sistema de coordenadas). Siguiendo el ejemplo de Bai *et al.* (2018), se realizaron 10 réplicas con formato de salida "Logístico", utilizando un 25% de los datos de presencia para el ajuste del modelo, mientras que el 75% de los datos restantes se utilizaron para generar el modelo final. El resto de las configuraciones se dejaron predeterminadas.

La medida básica para evaluar la calidad del modelo generado por MaxEnt es el área bajo la curva AUC_ROC (Area Under the Receiver Operating Characteristic Curve). Cuanto más próximos sean los valores a 1 más significativo es el modelo respecto a un modelo aleatorio (AUC=0.5) (Phillips *et al.*, 2006); y, por ende, mejor es el modelo a la hora de predecir la idoneidad del hábitat. Valores superiores a 0.5 son modelos aceptables y por debajo de ese umbral se rechazan como inválidos. Por lo general, los modelos con un AUC>0.75 se consideran potencialmente útiles (Elith *et al.*, 2002). En el modelo resultante la idoneidad de hábitat se reclasificó, siguiendo lo recomendado por Chefaoui *et al.* (2005), en las siguientes categorías: muy baja calidad (0-0.25), baja calidad (0.25-0.50), alta calidad (0.50-0.75) y muy alta calidad (0.75-1).

Análisis estadísticos

La normalidad y homogeneidad de varianzas fueron verificadas para la variable dependiente, y si no cumplía con los requisitos de las pruebas paramétricas fue normalizada o se comprobó la positividad de su curtosis (Underwood, 1996).

Los modelos de ocupación y los modelos lineales generalizados (GLM) también se utilizan para explorar la relación entre la abundancia de las especies y los factores ambientales descriptivos del hábitat (Bai *et al.*, 2018). Por ello, el método elegido para el análisis de los datos cuantitativos ha sido la construcción de modelos lineales generales (GLM) por pasos hacia atrás. Así, se construyeron 2 modelos para la abundancia de garduña, usando el logaritmo del índice de abundancia relativa de garduña como variable respuesta, y el resto de las variables ambientales o antrópicas como predictores según cada modelo.

Para reducir el número de variables predictoras a factores ortogonales se realizaron Análisis de Factores (Osborne, 2014). Cabe destacar que los factores ortogonales se extrajeron mediante el procedimiento de componentes principales, y rotando los ejes con el método "Varimax". Varios estudios han demostrado que al emplear este método en procesos estadísticos se evita la multicolinealidad entre variables predictoras (p.ej: Graham, 2003).

Una vez resumidas las variables ambientales en factores ortogonales, se obtuvo un GLM para estudiar la importancia de los factores antrópicos, medidos en las dos escalas espaciales indicadas anteriormente, sobre la abundancia de la garduña; y se construyó un segundo modelo con los factores naturales.

La extracción de datos de las variables predictoras a las dos escalas espaciales seleccionadas, la adaptación de las capas ráster para MaxEnt y el cálculo de la superficie de las distintas categorías de idoneidad de hábitat, se realizó con el programa QGIS 3.34.1 para Windows. Otros análisis estadísticos y los modelos de abundancia se elaboraron con el programa Statgraphics 19 X64.

Resultados

Se encontraron indicios (esto es, excrementos) de garduña en 31 transectos de un total de 90 muestreados, es decir, obtuvimos datos de presencia en el 34,4% de los transectos (con un valor medio de índice de abundancia 0,04; un error estándar 0,06 y un valor máximo 0,25 y mínimo 0).

Modelo de Distribución (SDM) para la garduña

Los resultados de la ROC de MaxEnt (Figura 4) mostraron un valor medio de AUC de 0,767, lo que indica que las predicciones obtenidas del modelo MaxEnt para la presencia de la garduña en Madrid fueron de alta calidad o útiles.

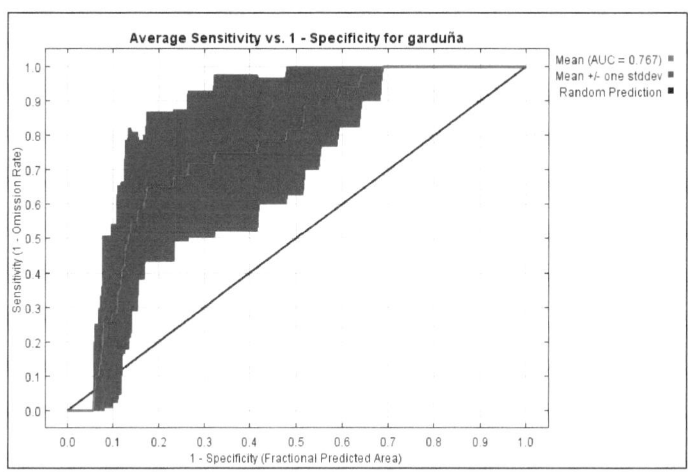

Figura 4. Representación de la verificación ROC de la distribución de la idoneidad de hábitat para la garduña en la Comunidad de Madrid realizada por MaxEnt.

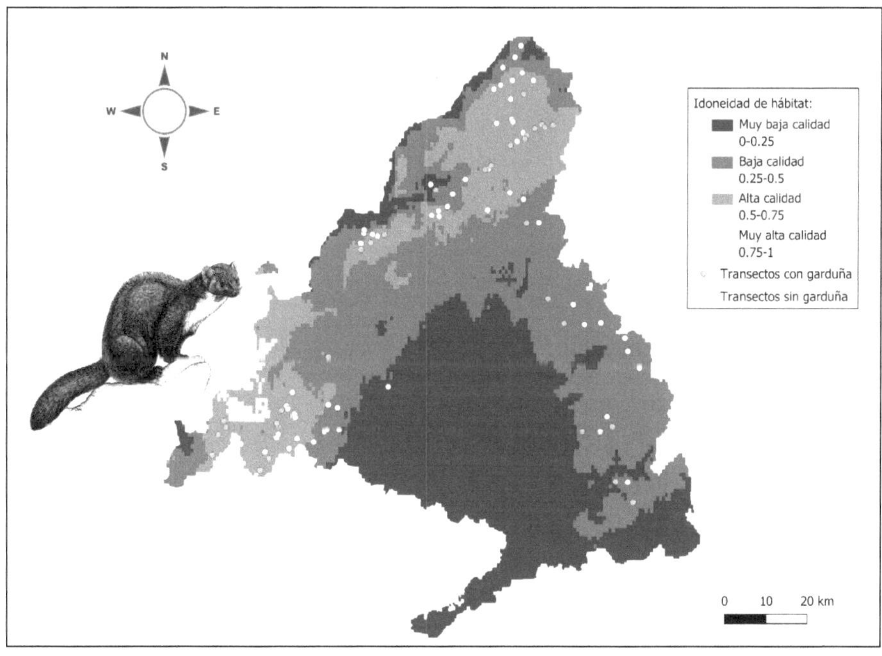

Figura 5. Mapa que representa la idoneidad climática de hábitat para la garduña en la Comunidad de Madrid con los datos de presencia obtenidos en este estudio.

Según el modelo de distribución obtenido (Figura 5), se estima que el hábitat adecuado o idóneo se ubica principalmente a lo largo de áreas montañosas como la Sierra de Guadarrama que presenta una altitud entre 1000-2000 m y por la zona de los pantanos al suroeste de Madrid (Sierra Oeste), donde podemos encontrar llanuras y zonas de hasta 1000 m. El área de alta y muy alta calidad de hábitat para la garduña ocupa una superficie de 1640,72 km^2 (Tabla 1).

Tabla 1. Clasificación y cuantificación de la superficie según su nivel de idoneidad de hábitat para la garduña en la Comunidad de Madrid.

Categorías idoneidad	Superficie (km^2)
Muy baja calidad	4020,69
Baja calidad	2353,47
Alta calidad	1593,64
Muy alta calidad	47,08
Total	**8014,89**

Los resultados del estimador Jackknife (véase Anexo, Figura S1 y Tabla 3) mostraron que la variabilidad estacional de la temperatura (BIO4; 40,4%), la precipitación del trimestre más frío (BIO19; 25,4%), la temperatura media del trimestre más seco (BIO9; 11,6%), la variabilidad estacional de precipitación (BIO15; 9,2%) y la temperatura mínima del mes más frío (BIO6; 8,6%) fueron los cinco principales factores que contribuyen a la distribución (presencia) de la garduña en Madrid.

Las tasas de importancia en la predicción del modelo MaxEnt indicaron que la temperatura mínima del mes más frío (BIO6; 28,7%), la precipitación del trimestre más frío (BIO19; 18,8%), la temperatura media del trimestre más seco (BIO9; 13,6%), la variabilidad estacional de la temperatura (BIO4; 11,6%) y la precipitación del mes más húmedo (BIO13; 9,7%) fueron los cinco principales factores que afectan a la distribución de la garduña (véase Anexo, Tabla 3).

El análisis de sensibilidad determinó la influencia de cada factor en la distribución de la garduña (véase Anexo, Figura S2, S3 y S4).

Modelo de abundancia con variables naturales

El Análisis de Factores con variables naturales a escala de territorio y paisaje (buffers de 750m y 2000 m) generó 21 factores ortogonales de los cuales se descartaron 14 por tener un autovalor inferior a 1, que indica que la varianza explicada es menor a la que explicaría la variable por sí sola (criterio de Kaiser; Cuadras, 2008). Los 7 factores ortogonales retenidos conservaron un 83,98% de la varianza acumulada.

El factor 1 describe paisajes donde predomina el arbolado y hay un índice alto de NDVI (valores positivos) y zonas con poca cobertura de pasto (valores negativos). El factor 2 define paisajes de precipitación media abundante (valores positivos) frente a zonas de temperatura media baja (valores negativos). El factor
3 describe paisajes con elevada cobertura de pasto (valores positivos). A continuación, el factor 4 define zonas con abundante cobertura de matorral (valor positivo). El factor 5 describe zonas de roquedo (valores positivos). Finalmente, el factor 6 se abarca zonas que se caracterizan por su abundante disponibilidad de agua (valores positivos) y el factor 7 por ser zonas muy alejadas del tramo de agua más próximo (valor negativo) y alta diversidad de cultivos frutales (valor positivo).

Tabla 2. Componentes resultantes del Análisis de Factores realizado con las variables naturales utilizadas para describir la abundancia de la garduña (los asteriscos indican una correlación significativa entre las variables originales y los factores, p < 0,05).

Variables	Factor 1	Factor 2	Factor 3	Factor 4	Factor 5	Factor 6	Factor 7
Agua 2000	0,17	0,04	0,18	-0,10	-0,08	**0,81***	0,00
Agua 750	0,09	-0,06	-0,12	0,04	-0,04	**0,81***	0,16
Arbolado 2000	**0,83***	0,12	-0,26	-0,29	-0,04	0,11	-0,02
Arbolado 750	**0,76***	0,15	-0,34	-0,39	-0,02	0,14	-0,02
Cultivo 2000	**-0,89***	-0,14	-0,16	-0,15	-0,17	-0,13	-0,01
Cultivo 750	**-0,82***	-0,01	-0,16	-0,14	-0,20	-0,15	0,08
Dist. Bosques	**-0,74***	0,07	-0,14	-0,09	0,06	0,04	-0,29
Dist. Tramo agua	-0,17	0,11	-0,03	-0,03	-0,09	-0,31	**-0,66***
Matorral 2000	0,03	0,25	0,06	**0,90***	0,05	0,01	-0,02
Matorral 750	0,03	0,27	-0,06	**0,85***	0,03	-0,06	-0,06
NDVI 2000	**0,72***	0,40	0,29	0,10	-0,13	0,06	0,29
NDVI 750	**0,70***	0,40	0,30	0,10	-0,14	0,05	0,28
Pastizal 2000	0,14	0,24	**0,91***	0,00	-0,04	0,00	-0,01
Pastizal 750	0,07	0,23	**0,90***	0,00	-0,01	0,05	0,05
Prec Media 2000	0,06	**0,95***	0,08	0,12	0,11	-0,05	0,04
Prec Media 750	0,06	**0,95***	0,06	0,13	0,11	-0,04	0,00
Riqueza frutos	0,07	0,31	0,00	-0,12	-0,04	-0,05	**0,77***
Roca 2000	0,04	0,14	-0,02	0,04	**0,94***	-0,05	0,01
Roca 750	0,03	0,12	-0,03	0,03	**0,91***	-0,06	0,02
Temp Media C° 2000	-0,22	**-0,88***	-0,27	-0,21	-0,09	-0,03	-0,12
Temp Media C° 750	-0,22	**-0,88***	-0,26	-0,21	-0,09	-0,03	-0,10
Eigenvalor	6,638	3,575	2,090	1,498	1,490	1,333	1,011
Porcentaje de Varianza	31,608	17,025	9,955	7,132	7,096	6,345	4,816
Porcentaje Acumulado	31,608	48,633	58,587	65,719	72,815	79,161	**83,977**

Tabla 3. Variables incluidas en el modelo lineal generalizado, obtenido mediante el método de regresión por pasos hacia atrás, entre el logaritmo del índice de abundancia relativa de la garduña y los factores ortogonales. La varianza explicada por el modelo es del 26,99%.

Fuente	Suma de Cuadrados	GI	Cuadrado Medio	Razón-F	Valor-P
Modelo	0,0988439	4	0,024711	7,86	**0,0000**
Residuo	0,26733	85	0,00314506		
Total (Corr.)	0,366174	89			
Factnat_3	0,0319726	1	0,0319726	10,17	**0,002**
Factnat_4	0,0292806	1	0,0292806	9,31	**0,003**
Factnat_6	0,044524	1	0,044524	14,16	**0,0003**
Gato IA 2022	0,0151579	1	0,0151579	4,82	**0,0309**
Residuo	0,26733	85	0,00314506		
Total (corregido)	0,366174	89			

Estos 7 factores ortogonales se utilizaron como variables predictoras en el modelo junto a las variables altitud y los índices de abundancia de zorro, gato montés y conejo (i.e. IA zorro, IA gato e IA conejo) en el que el log IA de la garduña se utilizó como variable respuesta. El modelo obtenido fue altamente significativo. El resultado del modelo mostró que los factores 3, 4 y 6, e IA gato, se asociaron de forma significativa con la variable respuesta (Tabla 2).

Teniendo en cuenta los resultados del modelo (Tabla 3), así como la Figura 6, se puede ver la relación positiva que existe entre la abundancia de garduña (log IA garduña) y las variables IA gato, factor 4 y 6; así como la relación negativa con el factor 3. Por tanto, a medida que aumenta la cobertura de matorral y la disponibilidad de agua también lo hace la abundancia de la garduña. Mientras que a mayores coberturas de pastizal menor abundancia de garduñas. Donde hay más garduñas parece haber también más gatos monteses. Estos resultados son idénticos tanto a escala de territorio como de paisaje.

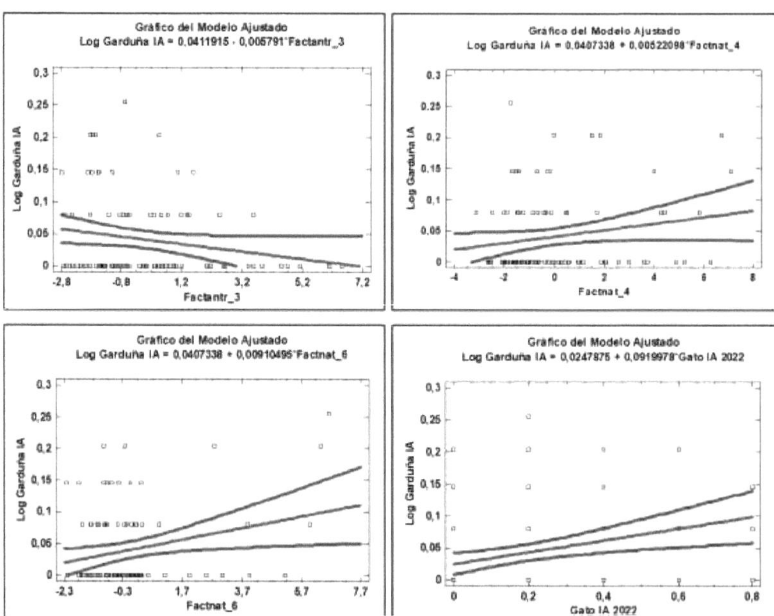

Figura 6. Relación entre el índice de abundancia de la garduña con los factores naturales 3, 4, 6 y la abundancia de gato montés.

Modelo de abundancia con variables antrópicas

El Análisis de Factores con variables a escala de territorio y de paisaje generó 19 factores ortogonales de los cuales se descartaron 12 por tener un autovalor inferior a 1, que indica que la varianza explicada es menor a la que explicaría la variable por sí sola (criterio de Kaiser; Cuadras, 2008). Los 7 factores ortogonales retenidos conservaron un 71,32% de la varianza acumulada.

Tabla 4. Componentes resultantes del Análisis de Factores realizado con las variables antrópicas utilizadas para describir la abundancia de la garduña (los asteriscos indican una correlación significativa entre las variables originales y los factores, p < 0,05).

Variables	Factor 1	Factor 2	Factor 3	Factor 4	Factor 5	Factor 6	Factor 7
Carr/ferr. 2000	0,09	-0,36	0,27	**-0,54**	-0,30	-0,24	0,16
Carr/ferr. 750	-0,13	-0,05	-0,05	-0,28	**-0,60***	-0,10	0,49
Dist. Carreteras	-0,06	-0,02	0,05	-0,03	**0,74***	0,02	0,00
Dist. Cotos caza	-0,04	-0,21	-0,11	-0,08	0,01	0,02	**-0,73***
Dist. embalses	-0,04	**0,87***	0,07	-0,02	-0,08	0,01	0,14
Dist. Ferrocarril	-0,18	-0,16	0,28	**0,77***	-0,15	0,22	-0,08
Dist. Núcleo	**-0,55***	-0,03	-0,04	0,14	0,48	0,03	0,28
Dist. Red Natura 2000	0,00	**0,78***	-0,09	-0,25	0,03	-0,13	0,07
Índice HH 2000	**0,77***	0,29	0,11	0,13	-0,26	0,24	0,00
Índice HH 750	**0,68***	0,36	-0,06	0,19	-0,43	0,19	0,08
Mixto 2000	-0,10	0,01	**0,93***	0,09	0,03	0,09	0,01
Mixto 750	0,00	-0,01	**0,93***	0,02	0,03	0,01	0,08
N° Cabezas Bovino	-0,07	-0,39	-0,07	-0,38	**0,46***	0,39	0,29
N°Cabezas Caprino	0,04	-0,23	0,02	**0,77***	0,09	-0,20	0,17
N°Cabezas Ovino	-0,07	0,02	0,17	0,10	-0,02	**0,81***	-0,14
Número edificios	0,21	-0,26	-0,14	-0,14	0,26	**0,58***	0,37
Perro IA	**0,43***	-0,22	-0,19	-0,18	-0,09	-0,03	0,16
Urbano 2000	**0,81***	-0,26	0,01	-0,13	0,09	-0,07	-0,13
Urbano 750	**0,71***	-0,01	-0,11	-0,01	0,22	-0,14	0,11
Eigenvalor	3,186	2,471	2,204	1,760	1,610	1,215	1,089
Porcentaje de Varianza	16,766	13,007	11,598	9,263	8,473	6,392	5,732
Porcentaje Acumulado	16,766	29,773	41,371	50,634	59,107	65,500	**71,232**

El factor 1 describe paisajes con altos valores de huella humana, mucha abundancia de perros y alta cobertura de suelo urbanizado (valores positivos) y zonas alejadas de núcleos urbanos (valores negativos). El factor 2 se caracterizó por áreas lejanas a espacios protegidos de la Red Natura 2000 y a embalses (valores positivos). El factor 3 describe paisajes de elevada cobertura de suelo mixto (valores positivos). A continuación, el factor 4 define zonas con abundante ganadería caprina que se encuentran lejanas a vías ferroviarias (valores positivos) y a su vez tienen un suelo poco ocupado por carreteras o vías férreas a escala de paisaje (valor negativo). El factor 5 define zonas con abundante ganadería bovina que se encuentran lejanas a carreteras (valores positivos) y a su vez tienen un suelo poco ocupado por carreteras o vías férreas a escala de territorio (valor negativo). El factor 6 describe zonas con un elevado número de edificios y ganadería ovina (valores positivos); y el factor 7 representa zonas muy alejadas de cotos de caza (valor negativo).

Estos 7 factores ortogonales se utilizaron como variables predictoras en el modelo junto con la variable altitud, donde la abundancia transformada de la garduña (log IA garduña) se utilizó como variable respuesta. El modelo obtenido fue altamente significativo. El resultado del modelo mostró que los factores 3, 4 y 6 tuvieron un efecto significativo sobre la variable respuesta (Tabla 4).

Tabla 5. Variables incluidas en el modelo lineal generalizado, obtenido mediante el método de regresión por pasos hacia atrás, entre el logaritmo del índice de abundancia de la garduña y los factores ortogonales antrópicos. La varianza explicada por el modelo es del 13,30%.

Fuente	Suma de Cuadrados	Gl	Cuadrado Medio	Razón-F	Valor-P
Modelo	0,0484936	3	0,0161645	4,35	**0,0067**
Residuo	0,316002	85	0,00371767		
Total (Corr.)	0,364496	88			
Factnat_3	0,0185443	1	0,0185443	4,99	**0,0281**
Factnat_4	0,0251168	1	0,0251168	6,76	**0,011**
Factnat_6	0,0146603	1	0,0146603	3,94	**0,0503**
Residuo	0,316002	85	0,00371767		
Total (corregido)	0,364496	88			

Teniendo en cuenta los resultados del modelo (Tabla 5), así como la Figura 7, se puede ver la relación negativa que existe entre la abundancia de garduña y los factores 3 y 6, y la relación positiva con el factor 4. Así, la abundancia de garduña se asocia con la ganadería caprina y la distancia a vías ferroviarias. Mientras que, a mayores coberturas de suelo mixto, más edificaciones, ganadería ovina y de suelo ocupado por carreteras o vías férreas a escala de paisaje, menor abundancia de garduña.

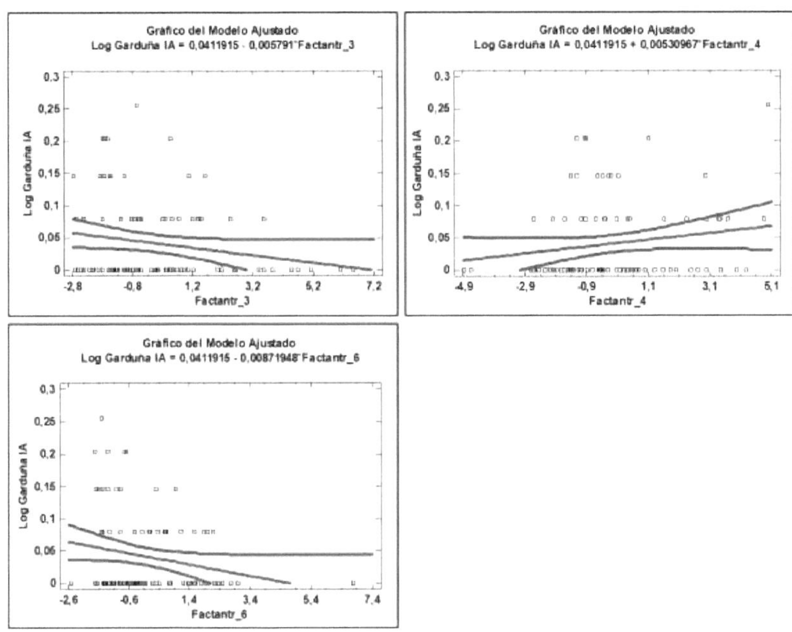

Figura 7. Relación entre el índice de abundancia de la garduña con los factores antrópicos 3, 4 y 6.

Discusión

Como resultado de este estudio se ha podido ampliar nuestro conocimiento sobre los factores naturales y antrópicos que determinan la distribución y abundancia de la garduña en la Comunidad de Madrid. Respecto a la distribución, los resultados del SDM mostraron que las temperaturas fueron las variables más determinantes en la clasificación de idoneidad del hábitat siendo la temperatura mínima del mes más frío la variable de mayor influencia seguido de la variabilidad estacional y la temperatura media del trimestre más seco. La precipitación del trimestre más frío también tuvo un papel destacado en dicha selección. La importancia de estas zonas puede deberse a la protección que ofrecen frente a las altas temperaturas habituales en paisajes mediterráneos típicos como las llanuras, de abundantes cultivos y pastizales, que son más térmicos. Estos resultados coinciden con nuestra primera hipótesis (H₁), mostrando la importancia de la temperatura en la distribución de la garduña.

Los mustélidos tienen una tasa metabólica basal muy alta, en promedio el doble de alta que la de mamíferos de tamaño similar, lo que constituye hasta el 70% de su gasto energético diario (Wereszczuk & Zaleweski, 2023). El costo de la termorregulación aumenta tanto con la disminución como con el aumento de la temperatura ambiental más allá del umbral de tolerancia, que en la garduña se corresponde con los 25ºC (Wereszczuk & Zaleweski, 2023).

Según el mapa de distribución de hábitat idóneo (Figura 5), la región más adecuada para la garduña se ubica en la Sierra de Guadarrama. El área presenta un clima mediterráneo muy frío y verano templado, con una temperatura media del mes más frío de -0,4°C y de 17,0°C del mes más cálido, en enero y julio respectivamente. La precipitación media anual es de 1.223 mm, con una acusada mediterraneidad, siendo en julio de 27 mm y en noviembre de 176 mm (Parque Nacional Sierra de Guadarrama (n.d.). Aquí existe una importante variedad de hábitats, destacando los bosques de pino silvestre en las zonas de mayor altitud, encinares y robledales en cotas medias, así como matorrales y prados en áreas abiertas y de alta montaña (Parque Nacional de la Sierra de Guadarrama, n.d.).

Además, la Sierra Oeste situada entre la Sierra de Guadarrama y la Sierra de Gredos es también idónea para la garduña, presentando un relieve variado de montañas, valles y vegas con una extensa red fluvial con ríos destacados como el Alberche, y numerosos arroyos que generan bosques de galería caracterizados por sauces, fresnos y alisos. También destacan los pastizales de montaña, los pinares, castañares, robledales y encinares. En conjunto, del territorio de la Comunidad de Madrid solo un 0,6% es de muy alta calidad y un 19,90% de alta calidad, es decir, que el 79,5% de la superficie de Madrid no parece adecuado para la garduña según el modelo de distribución obtenido.

En relación a la abundancia de garduña parece que las variables naturales influyen más que las antrópicas (27% vs 13% de varianza explicada en los modelos). Se observó una relación negativa entre una elevada cobertura de pastizal en las dos escalas estudiadas con la abundancia de garduña. Estos paisajes no ofrecen refugios frente al riesgo de depredación y parecen ser evitados (Virgós & García, 2002). Por el contrario, la cobertura de matorral y agua favorecieron la abundancia de garduña tanto a escala de paisaje como de territorio. Esto se debe probablemente a que la garduña además de ser carnívoro es también una especie frugívora que consume frutos principalmente en otoño (Barrientos & Virgós, 2006). Es razonable por tanto encontrar una mayor abundancia en zonas donde este recurso está disponible, como son zonas arbustivas de madroños, zarzamoras, majuelos o endrinos, entre muchos matorrales que existen en Madrid. Muchos de ellos crecen próximos a riveras lo que explicaría la importancia del agua en el modelo. Asimismo, los roedores que forman parte de la dieta de las garduñas también se asocian al estrato arbustivo, encontrando más alimento en este hábitat (Muñoz *et al.*, 2009). Esto explicaría también que en estas zonas las garduñas coincidan con los gatos monteses, que podrían coexistir gracias a mecanismos de evitación de la competencia (Vilella *et al.*, 2020).

La inexistencia de relación positiva entre el arbolado o el roquedo con la abundancia de garduña exige rechazar la segunda hipótesis (H$_2$). En otras áreas de su distribución mediterránea natural, la garduña se encuentra en zonas boscosas, en mosaicos arbolados o en roquedos (Virgós *et al.*, 2000). Quizá estos hábitats puedan ser más utilizados por la especie en ausencia de matorral, cumpliendo un papel parecido en cuanto a refugio y disponibilidad trófica.

En cuanto a los factores antrópicos, los resultados mostraron que elevadas coberturas de suelo alterado, urbanizado o con densidad de infraestructuras lineales (carreteras y vías férreas), no favorecen a las garduñas. Así, el efecto negativo de estas variables sobre la abundancia de la especie concuerda con la tercera hipótesis planteada (H$_3$). Los paisajes fragmentados y la alta densidad de carreteras incrementan la mortalidad por atropellos y el denominado efecto barrera. En particular, las garduñas tienden a evitar áreas sin estructura que les ofrezcan refugio, como pastizales y cultivos, buscando zonas más naturales en su dispersión, lo que las hace vulnerables cuando cruzan carreteras (Fonda *et al.*, 2021). Esto también podría explicar por qué a medida que aumenta la distancia a vías ferroviarias aumenta la abundancia de garduña.

En cuanto a la relación encontrada en este trabajo entre la ganadería y la abundancia de garduña, completamente inédita, puede ser complejo de explicar por su previsible carácter multifacético. El pastoreo a menudo reduce la vegetación del sotobosque y promueve el crecimiento de ciertas especies vegetales mientras suprime otras, lo que puede influir en la abundancia de pequeños mamíferos e insectos que son presa de las garduñas, o en las especies frutales que también son su fuente de alimentación (Thompson *et al.*, 2023). De tal manera que el pastoreo de ganado ovino puede alterar la estructura y composición de la vegetación, que tiende a transformarse en un pastizal, afectando a la disponibilidad de recursos alimenticios (Silva *et al.*, 2022) y así perjudicando al mustélido. Por otro lado, la presencia de ganado puede atraer a otras especies de carnívoros más grandes, lo que podría aumentar la competencia o los riesgos de depredación para las garduñas (Eggermann *et al.*, 2011; Linck *et al.*, 2023; Moberly *et al.*, 2003).

Además, las actividades ganaderas frecuentemente implican cierta desnaturalización del medio, con la construcción de cercas, caminos y otras infraestructuras, lo que puede influir también en el movimiento y el uso del hábitat de las garduñas (Mangas & Rey Juan Carlos, 2017). Si bien estas estructuras pueden proporcionar refugio y sitios de madriguera, también pueden representar riesgos como la mortalidad en carreteras y la fragmentación del hábitat (Silva *et al.*, 2022).

Sin embargo, la relación positiva encontrada entre el ganado caprino y la abundancia de garduña indica que el carnívoro puede coexistir con el ganado. En áreas más arbustivas, donde las cabras pueden alimentarse fácilmente por sus hábitos ramoneadores (a diferencia de las ovejas), si la carga ganadera no es suficientemente elevada como para transformar la vegetación parece, según los resultados, que el mustélido puede medrar sin problemas.

La conservación de las garduñas es relevante debido a su importante papel ecológico, sus interacciones con otras especies y los servicios ecosistémicos que aportan a la sociedad. Como mesocarnívoros desempeñan un papel vital en el control de las poblaciones de presas, fundamentalmente roedores, manteniendo así un ecosistema equilibrado. También son importantes en la dispersión de semillas, lo que ayuda en la regeneración forestal, la recuperación de zonas degradadas y la restauración de biodiversidad (Santos & Santos-

Reis, 2010; Traveset *et al.*, 2014; Burgos *et al.*, 2024).

Particularmente en ecosistemas mediterráneos, se ha observado que las garduñas utilizan una amplia variedad de hábitats (Recio *et al.*, 2015; Fonda *et al.*, 2021), y los resultados de este trabajo muestran que son sensibles a una alteración excesiva del entorno natural. Estas características las convierte en indicadores clave de la salud del ecosistema, ya que su presencia, abundancia y comportamiento pueden reflejar cambios en las condiciones ambientales e impactos humanos importantes.

Conclusiones

Los hallazgos sugieren que la transformación del paisaje por actividades humanas es un factor determinante en la distribución y abundancia de la garduña en la Comunidad de Madrid. Las áreas antropizadas, de cultivo y ganaderas no solo reducen el hábitat disponible, sino que también alteran la disponibilidad de recursos. La urbanización y las carreteras fragmentan el hábitat, pudiendo incrementar la mortalidad y limitar los movimientos de dispersión de la garduña.

Promover paisajes estructurados, con un grado alto de naturalidad, y mantener la conectividad entre ellos, son medidas de gestión que favorecerán las poblaciones de garduña del centro de la Península Ibérica, al igual que la recuperación de zonas degradadas y abandonadas, objetivo al que la propia actividad de las garduñas puede también ayudar.

Bibliografía

Abramov, A. V, Kranz, A., Herrero, J., Choudhury, A., & Maran, T. &. (2016). *Martes foina. The IUCN Red List of Threatened Species.* https://doi.org/10.2305/IUCN.UK.2016-1.RLTS.T29672A45202514.en

Bai, D. F., Chen, P. J., Atzeni, L., Cering, L., Li, Q., & Shi, K. (2018). Assessment of habitat suitability of the snow leopard (Panthera uncia) in Qomolangma National Nature Reserve based on MaxEnt modeling. *Zoological Research*, 39(6), 373-386. https://doi.org/10.24272/j.issn.2095-8137.2018.057

Barja, I. y Bárcena, F. (2002). La función de las heces en la comunicación olfativa del Gato Montés. IX Congreso Nacional y VI Iberoamericano de Etología. Madrid, 61.

Barrientos, R., & Virgós, E. (2006). Reduction of potential food interference in two sympatric carnivores by sequential use of shared resources. In *Acta Oecologica* (Vol. 30, Issue 1, pp. 107-116). https://doi.org/10.1016/j.actao.2006.02.006

Burgos, T., Escribano-Ávila, G., Fedriani, J. M., González-Varo, J. P., Illera, J. C., Cancio, I., Hernández-Hernández, J., & Virgós, E. (2024). Apex predators can structure ecosystems through trophic cascades: Linking the frugivorous behaviour and seed dispersal patterns of mesocarnivores. *Functional Ecology.* https://doi.org/10.1111/1365-2435.14559

Chefaoui et al., 2005: Chefaoui, R. M., Hortal, J., & Lobo, J. M. 2005. Potential distribution modelling, niche characterization and conservation status assessment using GIS tools: a case study of Iberian Copris species. *Biological Conservation*, 122(2), 327-338.

Ćirović, D., Penezić, A., & Krofel, M. (2016). Jackals as cleaners: Ecosystem services provided by a mesocarnivore in human-dominated landscapes. *Biological Conservation*, 199, 51-55. https://doi.org/10.1016/j.biocon.2016.04.027

Cuadras, M.C. (2008). *Nuevos métodos de análisis multivariante.* CMC

Dirección General de Agricultura y Ganadería *indicadores en materia de agricultura, ganadería, industria alimentaria, protección animal y vías pecuarias.* (2015).

Eggermann, J., da Costa, G. F., Guerra, A. M., Kirchner, W. H., & Petrucci-Fonseca, F. (2011). Presence of Iberian wolf (Canis lupus signatus) in relation to land cover, livestock and human influence in Portugal. *Mammalian Biology*, 76(2), 217-221. https://doi.org/10.1016/j.mambio.2010.10.010

Elith, J. 2002. Quantitative methods for modeling species habitat: comparative performance and an application to Australian plants. In: Ferson, S. and Burgman, M. (eds), Quantitative methods for conservation biology. *Springer,* pp. 39-58.

Fick, S. E., & Hijmans, R. J. (2017). WorldClim 2: New 1 km spatial resolution climate surfaces for global land areas. *International Journal of Climatology, 37*(12), 4302-4315. https://doi.org/10.1002/joc.5086

Fonda, F., Chiatante, G., Meriggi, A., Mustoni, A., Armanini, M., Mosini, A., Spada, A., Lombardini, M., Righetti, D., Granata, M., Capelli, E., Pontarini, R., Roux Poignant, G., & Balestrieri, A. (2021). Spatial distribution of the pine marten (Martes martes) and stone marten (Martes foina) in the Italian Alps. *Mammalian Biology, 101*(3), 345-356. https://doi.org/10.1007/s42991-020-00098-8

Gonçalves-Souza, D., Verburg, P. H., & Dobrovolski, R. (2020). Habitat loss, extinction predictability and conservation efforts in the terrestrial ecoregions. *Biological Conservation*, 246. https://doi.org/10.1016/j.biocon.2020.108579

Graham, 2003: Graham MH (2003). Confronting multicollinearity in ecological multiple regression. *Ecology* 84: 2809-2815.

Grenier-Potvin, A., Clermont, J., Gauthier, G., & Berteaux, D. (2021). Prey and habitat distribution are not enough to explain predator habitat selection: addressing intraspecific interactions, behavioural state and time. *Movement Ecology*, 9(1). https://doi.org/10.1186/s40462-021-00250-0

Ine, 2023: Instituto Nacional de Estadística. 2023. Resultados por Comunidades Autónomas. Población residente por fecha, sexo y edad (desde 1971).

IUCN. (2015). Abramov, A.V., Kranz, A., Herrero, J., Choudhury, A. & Maran, T. 2016. Martes foina. The IUCN Red List of Threatened Species 2016: e.T29672A45202514.https://dx.doi.org/10.2305/IUCN.UK.2016-1.RLTS.T29672A45202514.en. Accessed on 19 June 2024.

Kina, K. C., Bhumpakhpan, N., Trisurat, Y., Mainmit, N., Ghimire, K., & Subedi, M. (2020). *Analysis of Potential Distribution of Tiger Habitat using MaxEnt in Chitwan National Park, Nepal.* Journal of Remote Sensing and GIS Association of Thailand, 21(3), 1-15.

Kok, M. T. J., Alkemade, R., Bakkenes, M., van Eerdt, M., Janse, J., Mandryk, M., Kram, T., Lazarova, T., Meijer, J., van Oorschot, M., Westhoek, H., van der Zagt, R., van der Berg, M., van der Esch, S., Prins, A. G., & van Vuuren, D. P. (2018). Pathways for agriculture and forestry to contribute to terrestrial biodiversity conservation: A global scenario-study. *Biological Conservation*, 221, 137-150. https://doi.org/10.1016/j.biocon.2018.03.003

Léonard, A., Desbiez, J., Bodmer, R. E., & Santos, S. A. (2009). Wildlife habitat selection and sustainable resources management in a Neotropical wetland. *In International Journal of Biodiversity and Conservation* (Vol. 1, Issue 1). http://www.academicjournals.org/ijbc

Linck, P., Palomares, F., Negrões, N., Rossa, M., Fonseca, C., Couto, A., & Carvalho, J. (2023). Increasing homogeneity of Mediterranean landscapes limits the co-occurrence of mesocarnivores in space and time. *Landscape Ecology, 38*(12), 3657-3673. https://doi.org/10.1007/s10980-023-01749-0

Lissovsky, A. A., & Dudov, S. V. (2021). Species-Distribution Modeling: Advantages and Limitations of Its Application. 2. MaxEnt. *Biology Bulletin Reviews*, 11(3), 265-275. https://doi.org/10.1134/s2079086421030087

Lozano, J. (2010). Habitat use by European wildcats (*Felis silvestris*) in central Spain: what is the relative importance of forest variables? *Animal Biodiversity and Conservation*, 33.2: 143-150.

Lozano, J., A. Olszańska, Z. Morales-Reyes, A. J. Castro, A. F. Malo, M. Moleón, A. Sánchez-Zapata, A. Cortés-Avizanda, et al. (2019). Human-carnivore relations: A systematic review. *Biological Conservation*, 237, 480-92.

Mangas, J. G., Lozano, J., Cabezas-Díaz, S., & Virgós, E. (2008). The priority value of scrubland habitats for carnivore conservation in Mediterranean ecosystems. *Biodiversity and Conservation*, 17(1), 43-51. https://doi.org/10.1007/s10531-007-9229-8

Mangas, J. G., & Rey Juan Carlos, U. C. (2017). En: *Enciclopedia Virtual de los Vertebrados Españoles*. http://www.vertebradosibericos.org/

Martin-Garcia, S., Rodríguez-Recio, M., Peragón, I., Bueno, I., & Virgós, E. (2022). Comparing relative abundance models from different indices, a study case on the red fox. *Ecological Indicators*, 137. https://doi.org/10.1016/j.ecolind.2022.108778

Ministerio para la Transición Ecológica y el Reto Demográfico. (2023). *Ficha del estado de conservación de la garduña (Martes foina)*. Recuperado de https://www.miteco.gob.es/content/dam/miteco/es/biodiversidad/temas/inventarios-nacionales/ieet_mami_martes_foina_tcm30-99820.pdf

Moberly, R. L., White, P. C. L., Webbon, C. C., Baker, P. J., & Harris, S. (2003). Factors associated with fox (Vulpes vulpes) predation of lambs in Britain. *Wildlife Research*, 30(3), 219-227. https://doi.org/10.1071/WR02060

Molina-Vacas, G., Bonet-Arbolí, V., & Rodríguez-Teijeiro, J. D. (2012). Habitat selection of two medium-sized carnivores in an isolated and highly anthropogenic Mediterranean park: The importance of riverbank vegetation. *Italian Journal of Zoology*, 79(1), 128-135. https://doi.org/10.1080/11250003.2011.620637

Muñoz, A., Bonal, R., & Díaz, M. (2009). Ungulates, rodents, shrubs: interactions in a diverse Mediterranean ecosystem. *Basic and Applied Ecology*, 10(2), 151-160. https://doi.org/10.1016/j.baae.2008.01.003

Orians, G.H. y Wittenberger, J.F. (1991). Spatial and temporal scales in habitat selection. *American Naturalist* 137: 29-49.

Osborne, J. W. (2014). *Best practices in exloratory factor analysis*. [CreateSpace Independent Publishing Platform].

Palma L., Beja P. y Rodrigues M. (1999). The use of sighting data to analyse Iberian lynx habitat and distribution. *Journal of Applied Ecology* (36): 812-824.

Parque Nacional Sierra de Guadarrama. (n.d.). Clima. Recuperado el 21 de Junio de 2024, de https://www.parquenacionalsierraguadarrama.es/naturaleza/clima-geologia/116-clima

Parque Nacional de la Sierra de Guadarrama. (s.f.). *Ficha técnica del Parque*. Recuperado el 14 de junio de 2024, de https://www.parquenacionalsierraguadarrama.es/parque/info-pnsg/86-ficha-pnsg

Phillips, S.J., R.P. Anderson and R.E. Schapire. 2006. Maximum entropy modeling of species geographic distributions. *Ecological Modelling*.190:231-259

Recio, M. R., Arija, C. M., Cabezas-Díaz, S., & Virgós, E. (2015). Changes in Mediterranean mesocarnivore communities along urban and ex-urban gradients. In *Current Zoology* (Vol. 61, Issue 5). https://academic.oup.com/cz/article/61/5/793/1821076

Rettie, W.J. y Messier, F. (2000). Hierarchical habitat selection by woodland caribou: its relationship to limiting factors. *Ecography*, 23: 446-478.

Rivas-Martínez, S., Fernández-González, F. y Sánchez-Mata, D. (1987). El Sistema Central: de la Sierra de Ayllón a Serra da Estrela. *La vegetación de España*: 419-451. En: Peinado, M. y Rivas-Martínez, S. (Eds.). Publicaciones Universidad de Alcalá, Madrid.

Santos, M. J., & Santos-Reis, M. (2010). Stone marten (Martes foina) habitat in a Mediterranean ecosystem: Effects of scale, sex, and interspecific interactions. *European Journal of Wildlife Research*, 56(3), 275-286. https://doi.org/10.1007/s10344-009-0317-9

Semenchuk, P., Plutzar, C., Kastner, T., Matej, S., Bidoglio, G., Erb, K. H., Essl, F., Haberl, H., Wessely, J., Krausmann, F., & Dullinger, S. (2022). Relative effects of land conversion and land-use intensity on terrestrial vertebrate diversity. *Nature Communications*, 13(1). https://doi.org/10.1038/s41467-022-28245-4

Silva, S. R., Sacarrão-Birrento, L., Almeida, M., Ribeiro, D. M., Guedes, C., Montaña, J. R. G., Pereira, A. F., Zaralis, K., Geraldo, A., Tzamaloukas, O., Cabrera, M. G., Castro, N., Argüello, A., Hernández-Castellano, L. E., Alonso-Diez, Á. J., Martín, M. J., Cal-Pereyra, L. G., Stilwell, G., & de Almeida, A. M. (2022). Extensive Sheep and Goat Production: The Role of Novel Technologies towards Sustainability and Animal Welfare. In *Animals* (Vol. 12, Issue 7). MDPI. https://doi.org/10.3390/ani12070885

Thompson, L., Rowntree, J., Windisch, W., Waters, S. M., Shalloo, L., & Manzano, P. (2023). Ecosystem management using livestock: Embracing diversity and respecting ecological principles. *Animal Frontiers*, *13*(2), 28-34. https://doi.org/10.1093/af/vfac094

Underwood, A.J. (1996). Experiments in ecology. Cambridge University Press, Cambridge.

Vergara, M., Cushman, S. A., Urra, F., & Ruiz-González, A. (2016). Shaken but not stirred: multiscale habitat suitability modeling of sympatric marten species (*Martes martes* and *Martes foina)* in the northern Iberian Peninsula. *Landscape Ecology*, *31*(6), 1241-1260. https://doi.org/10.1007/s10980-015-0307-0

Vilella, M., Ferrandiz-Rovira, M., & Sayol, F. (2020). Coexistence of predators in time: Effects of season and prey availability on species activity within a Mediterranean carnivore guild. *Ecology and Evolution*, *10*(20), 11408-11422. https://doi.org/10.1002/ece3.6778

Virgós, E., Cabezas-Díaz, S., Mangas, J. G., & Lozano, J. (2010). Spatial distribution models in a frugivorous carnivore, the stone marten (Martes foina): Is the fleshy-fruit availability a useful predictor? *Animal Biology*, 60(4), 423-436. https://doi.org/10.1163/157075610X523297

Virgós, E., & García, F. J. (2002). *Patch occupancy by stone martens Martes foina in fragmented landscapes of central Spain: the role of fragment size, isolation and habitat structure.* www.elsevier.com/locate/actao

Virgös, E., Recio, M. R., & Cortes, Y. (2000). International journal of mammalian biology Stone marten (Martes foina Erxleben, 1777) use of different landscape types in the mountains of central Spain marten scat was sampled by Walking a series of routes along randomly selected tracks. In *Z. Säugetierkunde* (Vol. 65). http://www.urbanfischer.de/journals/mammbiol

Wereszczuk, A., & Zalewski, A. (2023). An anthropogenic landscape reduces the influence of climate conditions and moonlight on carnivore activity. *Behavioral Ecology and Sociobiology,* 77(5). https://doi.org/10.1007/s00265-023-03331-9

Anexo

Tabla 1. Variables utilizadas para la realización de los modelos lineales
generales a escala de paisaje (buffer de 2000 m) y de territorio (buffer de 750
m).

Nombre variable	Descripción
Agua 750 y 2000	Porcentaje de área del suelo cubierto por agua
Arbolado 750 y 2000	Porcentaje de área del suelo cubierto por arbolado
Cultivo 750 y 2000	Porcentaje de área del suelo cubierto por cultivos
Distancia bosques	Distancia (en metros) desde el transecto al bosque más cercano Distancia
tramo agua	Distancia (en metros) desde el transecto al curso de agua más cercano
Matorral 750 y 2000	Porcentaje de área del suelo cubierto por matorral
NDVI 750 y 2000	Índice de vegetación de diferencia normalizada
Pastizal 750 y 2000	Porcentaje de área del suelo cubierto por pastizal
Precipitación media	Precipitación anual (medida en mm) en el periodo 1970-2000
Riqueza frutos	Diversidad de cultivos frutales dentro del buffer de paisaje
Roca 750 y 2000	Porcentaje de área del suelo cubierto por roca
Carr/ferr. 750 y 2000	Porcentaje de área del suelo cubierto por carretera o vías de tren
Dist. Carreteras	Distancia desde el transecto a la carretera más cercana
Dist. Cotos caza	Distancia desde el transecto al coto de caza más cercano
Dist. embalses	Distancia desde el transecto al embalse más cercano
Dist. Ferrocarril	Distancia desde el transecto a la vía de tren más cercana
Dist. Núcleo	Distancia desde el transecto al núcleo urbano más cercano
Dist. Red Natura 2000	Distancia desde el transecto a la Red Natura 2000 más cercana
Índice HH 750 y 2000	Índice de huella humana
Mixto 750 y 2000	Porcentaje de área cubierta por suelo alterado, semi-artificial
Nº Cabezas Bovino	Número de cabezas de bovino registrado en la Comunidad de Madrid
NºCabezas Caprino	Número de cabezas de caprino registrado en la Comunidad de Madrid
NºCabezas Ovino	Número de cabezas de ovino registrado en la Comunidad de Madrid
Número edificios	Número de edificios
Temperatura media	Temperatura media anual (medida en ºC) en el periodo 1970-2000
Altitud	Distancia vertical entre el punto medio del transecto con respecto el nivel del mar (medida en metros)
IA Gato	Índice abundancia relativa de gato montés
IA Zorro	Índice abundancia relativa de zorro
IA Conejo	Índice abundancia relativa de conejo

Tabla 2. Relación de las variables climáticas utilizadas en el presente estudio.

Variable	Nombre	Traducción	Descripción
BIO1	Annual Mean Temperature	Tº anual media	
BIO2	Mean Diurnal Range (Mean of monthly (max temp - min temp))	Rango diurno medio	Diferencia de Tº entre el punto más bajo y el más alto de un día
BIO3	Isothermality (BIO2/BIO7) (×100)	Isotermalidad (BIO2/BIO7) (×100)	Índice de variabilidad de Tº. Mide lo que cambia la Tº diariamente.
BIO4	Temperature Seasonality (standard deviation ×100)	Variabilidad estacional de la temperatura (desviación estándar ×100)	Mide la amplitud de las fluctuaciones de temperatura entre las estaciones.
BIO5	Max Temperature of Warmest Month	Tº Máx. Del mes más caluroso	
BIO6	Min Temperature of Coldest Month	Tº mín. Del mes más frío	
BIO7	Temperature Annual Range (BIO5-BIO6)	Rango Tº annual	
BIO8	Mean Temperature of Wettest Quarter	Tº media del trimestre más húmedo	
BIO9	Mean Temperature of Driest Quarter	Tº media del trimestre más seco	
BIO10	Mean Temperature of Warmest Quarter	Tº media del trimestre más caluroso	
BIO11	Mean Temperature of Coldest Quarter	Tº media del trimestre más frío	
BIO12	Annual Precipitation	Precipitación anual	
BIO13	Precipitation of Wettest Month	Precipitación del mes más húmedo	
BIO14	Precipitation of Driest Month	Precipitación del mes más seco	
BIO15	Precipitation Seasonality (Coefficient of Variation)	Variabilidad estacional de precipitación	Mide la amplitud de las fluctuaciones de precipitación entre las estaciones
BIO16	Precipitation of Wettest Quarter	Precipitación del trimestre más húmedo	
BIO17	Precipitation of Driest Quarter	Precipitación del trimestre más seco	
BIO18	Precipitation of Warmest Quarter	Precipitación del trimestre más caluroso	
BIO19	Precipitation of Coldest Quarter	Precipitación del trimestre más frío	

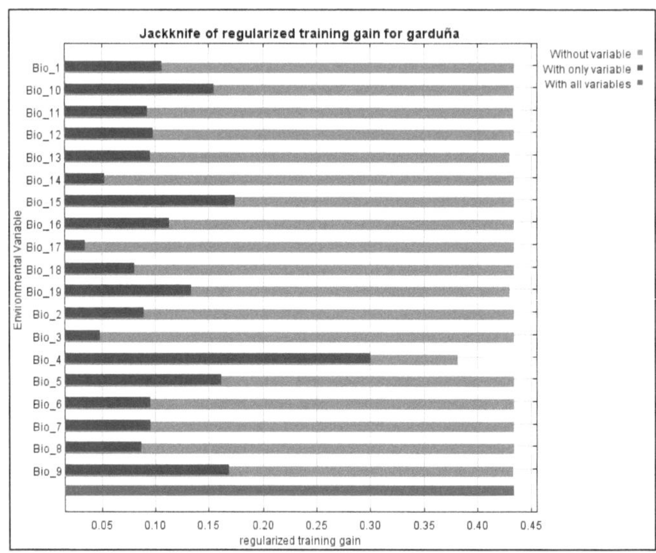

Figura S1. Resultado de la prueba de Jackknife con las variables climáticas y los datos de entrenamiento por MaxEnt.

Tabla 3. Resultados del análisis de MaxEnt donde se muestra la contribución y la importancia de las variables climáticas usadas en el modelo de distribución.

Variable	Contribución (%)	Importancia permutación (%)
Bio_1 Tª anual media	0,4	0,8
Bio_2 Rango diurno medio	0	0
Bio_3 Isotermalidad	0	0,2
Bio_4 Variabilidad estacional de la temperatura	**40,4**	**11,6**
Bio_5 Tª Máx. Del mes más caluroso	0	0
Bio_6 T° mín. Del mes más frío	**8,6**	**28,7**
Bio_7 Rango Tº annual	1,7	10
Bio_8 Tº media del trimestre más húmedo	0	0
Bio_9 T° media del trimestre más seco	**11,6**	**13,6**
Bio_10 T° media del trimestre más caluroso	**0,3**	**0**
Bio_11 Tº media del trimestre más frío	0,3	1
Bio_12 Precipitación anual	0	0
Bio_13 Precipitación del mes más húmedo	**1,8**	**9,7**
Bio_14 Precipitación del mes más seco	0,2	0,8
Bio_15 Variabilidad estacional de precipitación	**9,2**	**0,7**
Bio_16 Precipitación del trimestre más húmedo	0,2	4
Bio_17 Precipitación del trimestre más seco	0	0
Bio_18 Precipitación del trimestre más caluroso	0	0
Bio_19 Precipitación del trimestre más frío	**25,4**	**18,8**

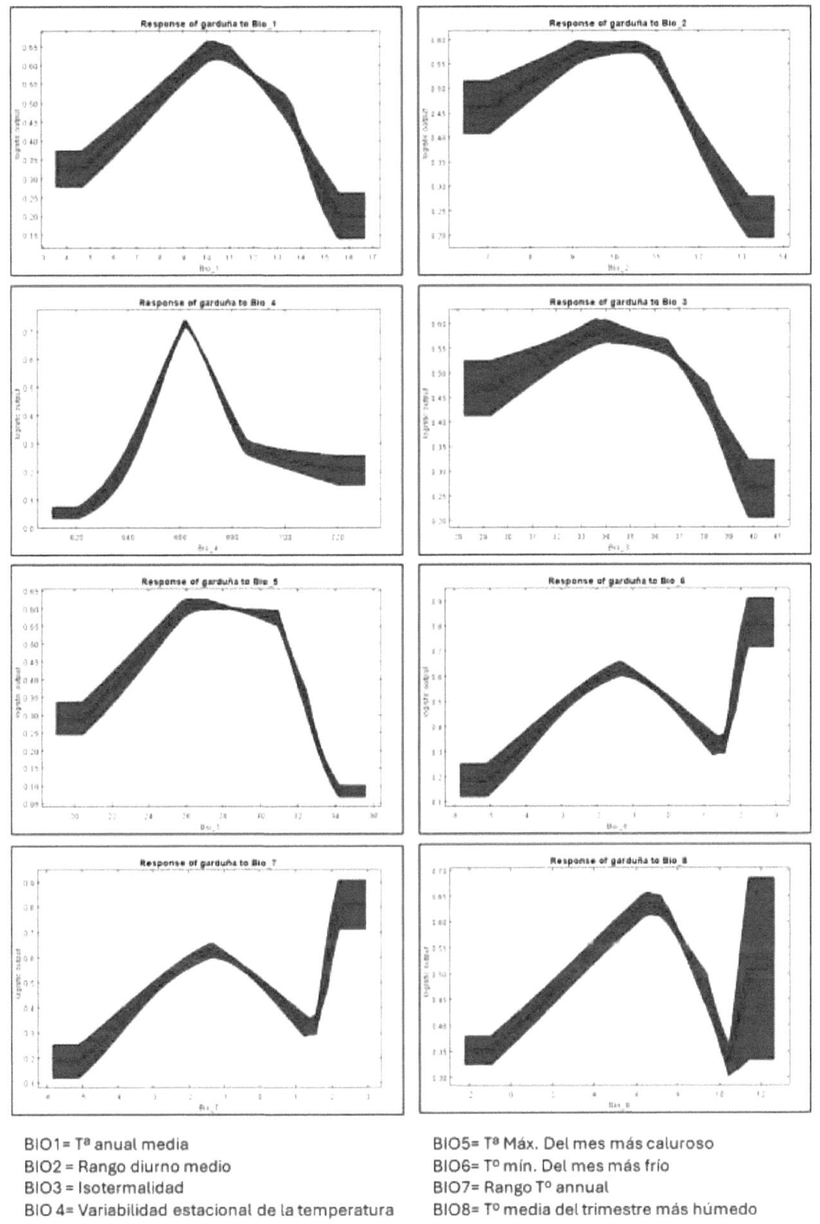

BIO1= Tª anual media
BIO2 = Rango diurno medio
BIO3 = Isotermalidad
BIO 4= Variabilidad estacional de la temperatura

BIO5= Tª Máx. Del mes más caluroso
BIO6= Tº mín. Del mes más frío
BIO7= Rango Tº annual
BIO8= Tº media del trimestre más húmedo

Figura S2. Curva de respuesta de las variables climáticas seleccionadas para la idoneidad del hábitat de la garduña en la Comunidad de Madrid.

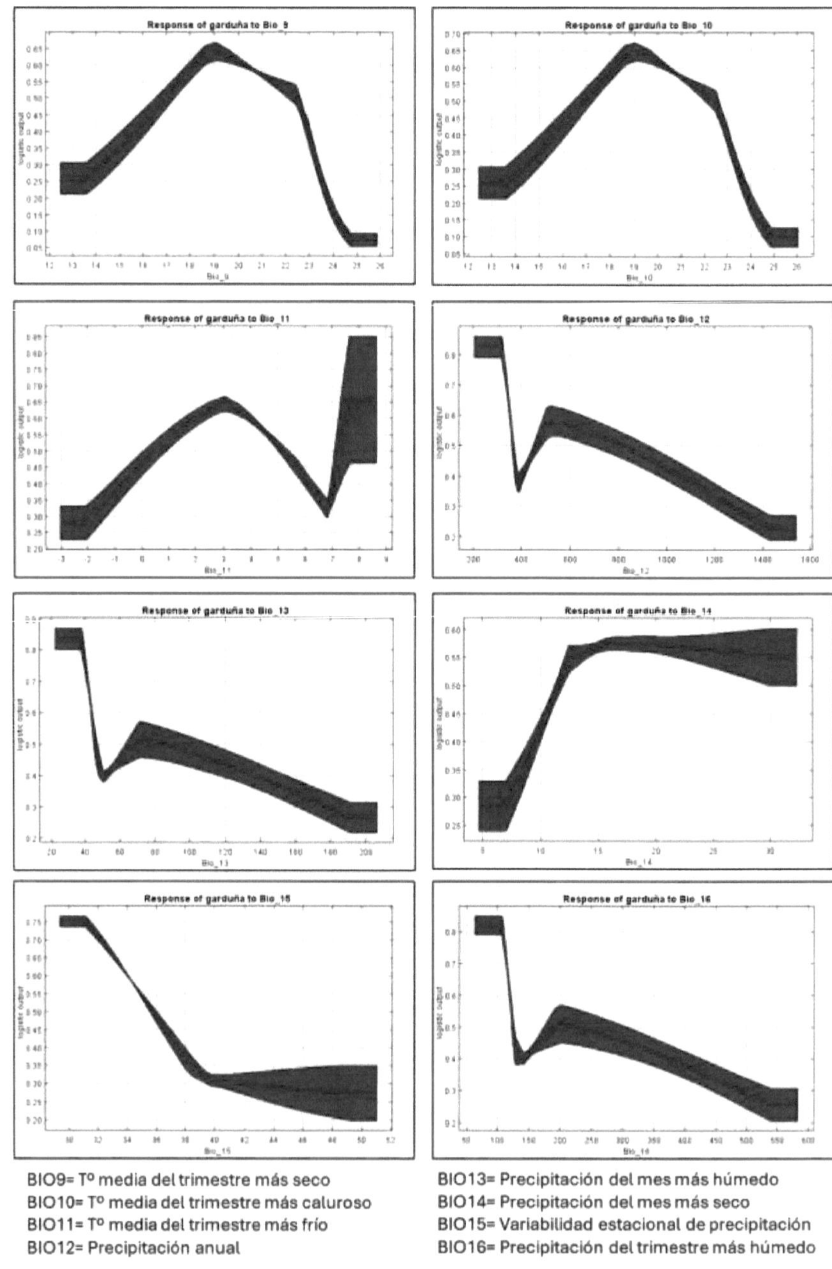

BIO9= Tº media del trimestre más seco
BIO10= Tº media del trimestre más caluroso
BIO11= Tº media del trimestre más frío
BIO12= Precipitación anual

BIO13= Precipitación del mes más húmedo
BIO14= Precipitación del mes más seco
BIO15= Variabilidad estacional de precipitación
BIO16= Precipitación del trimestre más húmedo

Figura S3. Curva de respuesta de las variables climáticas seleccionadas para la idoneidad del hábitat de la garduña en la Comunidad de Madrid.

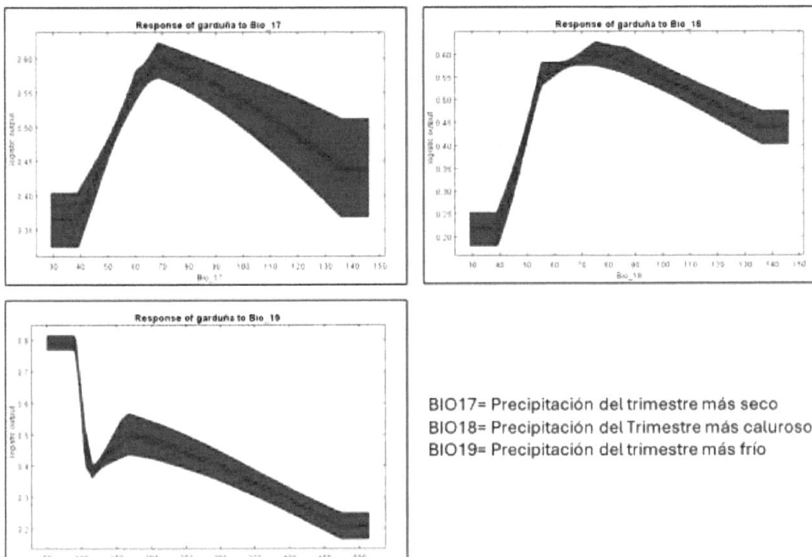

BIO17= Precipitación del trimestre más seco
BIO18= Precipitación del Trimestre más caluroso
BIO19= Precipitación del trimestre más frío

Figura S4. Curva de respuesta de las variables climáticas seleccionadas para la idoneidad del hábitat de la garduña en la Comunidad de Madrid.

Printed by Books on Demand GmbH, Norderstedt / Germany